U0339373

SYMMETRY
THE
ORDERING PRINCIPLE
完美的对称

［英］大卫·韦德————著　何三宁　管超————译

CTS K 湖南科学技术出版社·长沙

图书在版编目（ＣＩＰ）数据

完美的对称 ／（英）大卫·韦德著 ； 何三宁，管超
译. — 长沙 ： 湖南科学技术出版社，2024.5（科学之美）
ISBN 978-7-5710-2840-4

Ⅰ．①完… Ⅱ．①大… ②何… ③管… Ⅲ．①对称—
普及读物 Ⅳ．①O342-49

中国国家版本馆 CIP 数据核字(2024)第 075837 号

湖南科学技术出版社获得本书中文简体版中国独家出版发行权。
著作权登记号：18-2023-49
版权所有，侵权必究
WANMEI DE DUICHEN
完美的对称

著　　者：［英］大卫·韦德
译　　者：何三宁　管　超
出 版 人：潘晓山
责任编辑：刘　英　李　媛
版式设计：王语瑶
出版发行：湖南科学技术出版社
社　　址：长沙市芙蓉中路一段 416 号泊富国际金融中心
网　　址：http://www.hnstp.com
湖南科学技术出版社天猫旗舰店网址：
　　　　　http://hnkjcbs.tmall.com
邮购联系：0731-84375808
印　　刷：长沙超峰印刷有限公司
厂　　址：湖南省宁乡市金州新区泉洲北路 100 号
邮　　编：410600
版　　次：2024 年 5 月第 1 版
印　　次：2024 年 5 月第 1 次印刷
开　　本：889mm×1290mm　1/32
印　　张：2.25
字　　数：120 千字
书　　号：ISBN 978-7-5710-2840-4
定　　价：45.00 元
　　（版权所有·翻印必究）

SYMMETRY
THE ORDERING PRINCIPLE

written and illustrated by

David Wade

B L O O M S B U R Y
NEW YORK · LONDON · NEW DELHI · SYDNEY

Bloomsbury USA

An imprint of Bloomsbury Publishing Plc

1385 Broadway   50 Bedford Square
New York   London
NY 10018   WC1B 3DP
USA   UK

www.bloomsbury.com

BLOOMSBURY and the Diana logo are trademarks of
Bloomsbury Publishing Plc

First published 2006

© David Wade, 2006

ISBN: HB: 978-0-8027-1538-8

Library of Congress Cataloging-in-Publication Data is available.

2 4 6 8 10 9 7 5 3 1

Designed and typeset by Wooden Books Ltd, Glastonbury, UK

Printed in the U.S.A. by Worzalla, Stevens Point, Wisconsin

To find out more about our authors and books visit
www.bloomsbury.com. Here you will find extracts, author interviews,
details of forthcoming events, and the option to sign up for our newsletters.

Bloomsbury books may be purchased for business or promotional use.
For information on bulk purchases please contact Macmillan Corporate and
Premium Sales Department at specialmarkets@macmillan.com.

献给埃米尔·布朗热

如需深入阅读，敬请参阅《对称与美妙的宇宙》（莱德曼、克里斯托弗·希尔著）、《无解方程式》（马利欧·李维欧著），以及《对称，一个自成一体的概念》（伊什特万、玛格达雷娜·豪尔吉陶伊著）等书籍。

"数字和测量中不仅有比例，而且声音、重量、时间、位置中也有比例，只要有力的存在就能找到比例的踪影。"——列奥纳多·达·芬奇

上图：达芬奇猜想：不论在树的哪一个分枝水平高度上，树的总横截面面积保持不变；有一种平衡恰好阐明了力的隐藏对称等于质量 × 距离。

上图：意大利拉文纳地区的 6 世纪拜占庭马赛克图案，用于赫塞默和古老的阿拉伯及意大利建筑装饰，1800 年。

目录
CONTENTS

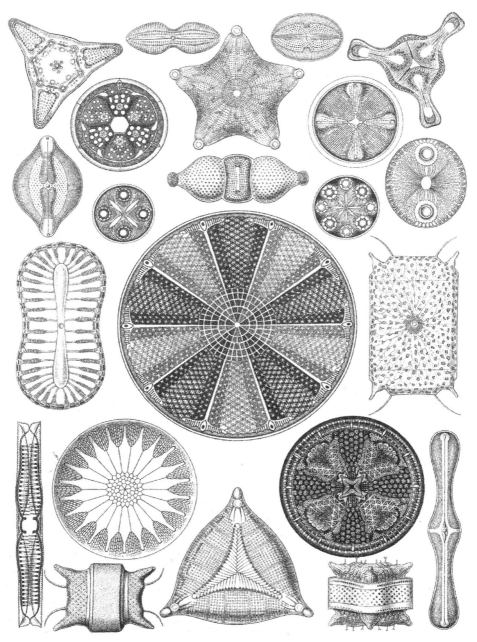

上图呈现的是对自然界各种对称的示例；恩斯特·海克尔（Ernst Haeket）笔下的这些图画展示了各种各样的硅藻物种。

对称具有很强的吸引力，不仅艺术家对其兴趣盎然，数学家也对此有着浓厚的兴趣，对称与建筑学和物理学同样密切相关。事实上，什么是对称，或者说对称应该是什么，很多其他学科对此都有自己的见解。显然，不论采取什么方法，我们都在以一种普遍的原理来对待这一问题。然而，在日常生活中，我们很少看到显而易见的对称，大多数对称都是不明显的。那么，究竟什么才是对称？对此有没有统一的术语呢？对称到底可不可以清楚地定义呢？

通过调研，很快就清楚地看到整个领域都被悖论所左右。首先，任何对称概念都与不对称概念纠缠在一起；如果没有唤起对不对称概念的思考（正如有序和无序的相关概念一样），那么我们就很难想象出对称的含义，当然也存在着其他二元关系。各种对称概念一直有类型化的特征，并与分类和所观察的规律相关，简言之，对称概念具有一定的局限性。但是，就对称本身而言并没有什么局限性，因为对称原理无处不在。此外，对称原理总是具有静止如水的特性，一种远离喧嚣世界的寂静。然而，从某种意义上讲，对称原理几乎总是与转换、扰动或运动相关。

人们越是深入研究这个话题，就越发清晰地看到，对称同时也是最平凡、最广泛的研究领域之一，但归根结底，对称仍是最为神秘的领域之一。

阵列／对称元素的规则排列
ARRAYS
THE REGULAR DISPOSITION OF ELEMENTS

　　对称包含诸多因素，每当提及何为对称的常见因素时，全等性和周期性两个概念便会"首当其冲"，要理解好这两个概念还有很长的路要走。大部分对称都会以某种形式来呈现对称的方方面面，一旦某一方面缺失，通常会导致对称性减弱，甚至就没有对称。

　　例如，有两个物体仅仅相似而已，相互之间并没有特定的关系（尽管两个物体完全相同，但它们并没有按照一定的序列排列）（见第003页图1）。如果添加第三个物体，规律性便开始出现，一个可辨识的图形模式基础便形成了（见第003页图2）。

　　因此，对称性是以其最简单的形式来体现，即物体沿一条线有规律地重复排列（见下图），也就是很简单地连续排列成一个阵列（见第003页图3）。显而易见，这种简单的排列理论上讲可以无限延伸，但是，只有重复元素和间隔始终保持一致，对称才会存在。

　　我们从许多自然物体的形态中，可以发现各式各样的阵列对称，从耳熟能详的一排排甜玉米粒（见第003页图4），到鱼类和爬行动物的鳞片图案（见第003页图5）无不体现着阵列对称。毋庸置疑，这种有规律的排列在很多人类艺术和工艺品中发挥着重要作用，比如巫师斗篷上的装饰（见第003页图6）。自然而然，阵列形态就常常集实用价值和美学价值于一身了，这在砖块和瓦片的排列中展现得淋漓尽致（见第003页图7~图8）。

1. 仅具相似性。

2. 包含三个元素的图案。

3. 对称阵列包含有规律的间隔。本质上讲，所有对称都建立在"不变性"和"本体一致性"的基础之上。在几何对称中，要想得到对称阵列，无论是简单的重复、反射还是旋转，都必须先设定固定的平移距离。这个平移距离被称为等距（见附录）。

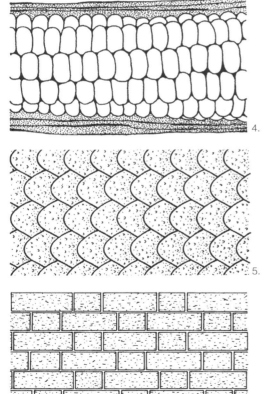

4.

5.

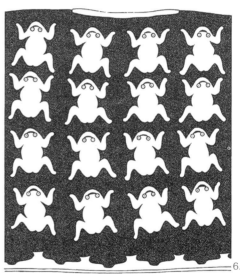

6.

7.

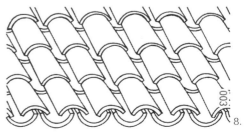

8.

旋转对称和反射对称 / 点对称
ROTATIONS AND REFLECTION
POINT SYMMETRIES

　　对称有两种最基本的表达方式，它们分别是旋转对称和反射对称。每种对称的形式都是以全等概念为基础，也就是说，无论是哪种形式的对称，一个元素中的每一部分之间都是整体一致的（见下图）。在简单的旋转对称中，图形的各个部分都是围绕一个中心点分布，且每隔一定间距有规则地排列（参见第 005 页图 1～图 4）。

　　由于这些对称图形中的元素没有经过翻转，只是彼此简单地重复，因此我们认为这些元素是直接全等关系。反射对称则相反，对称元素经过翻转后分布在镜像射线两侧，因此它们是反向全等关系（见第 005 页图 5，图 6）。因为反射对称和旋转对称的中心点或镜像射线固定不变，所以它们统称为点对称。

　　旋转对称是最基本的对称形式，仅包含围绕一个中心的两个部分。普通扑克牌就是这种类型，只要经过扑克牌中心点，不论怎样剪裁，都会得到完全相同的两部分。三曲腿图由三个旋转部分构成，万字符标志由四个旋转部分构成，如此类推，无穷无尽——除了重复的次数可以排列外，对绕定点旋转的次数是没有上限的。

　　旋转对称和反射对称也可以结合在一起使用，在此情况下，反射对称的线是从旋转对称的中心点贯穿的。这种对称的图形和物体表现为二面体群对称（见第 005 页图 7）。

  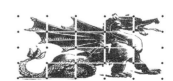

1. 最简单的旋转对称形式：围绕一个中心点，有两个对称元素。

2. 扑克牌可能是我们最熟悉的含有两个对称元素的旋转对称图形，经过 180° 旋转后实现本体一致性（注意这里并未出现反射对称）。

3. 旋转对称可以包含很多元素。

4. 使用 3 个、4 个、5 个对称元素的旋转对称图案，就会分别实现 120°、90°、72° 的本体一致性。

5. 直线两侧的反射对称。

6. 最为常见的反射对称图案。

7. 二面体群对称。

8. 反射对称和旋转对称相结合的二面体群对称图案。

005

几何图形的自相似性 /
磬折形和其他自相似图形
GEOMETRIC SELF-SIMILARITY
GNOMONS AND OTHER SELF-SIMILAR FIGURES

不论是简单的还是复杂的，也无论是有生命的还是非生命的系统之中，对称的形成与形状都具有不变的特征。

磬折形是几何图形增大最简单的示例之一（见下图）。几何图形增长的规则是：把一个磬折形添加到另一个图形上，虽然图形增大，但仍保留了一般性形状特征，并且这个过程可以无限进行操作。实际上贝壳和犄角精致巧妙的外观就是这样形成的，在其形成过程中，新生组织不断补充到死亡组织中去。

扩展对称也会产生与原图相似的几何图形。这些图形通过一个中心点的射线，进行扩大（或缩小）而形成，这就是扩展对称。扩展对称可以采用中心点的射线形成的任一角（见第 007 页图 1），或者圆的任意等分（见第 007 页图 2），或者整体（见第 007 页图 3），将图形从无限小扩展至无限大。

若将扩展对称与旋转对称相结合，便会产生连续对称，进而产生等角螺旋线（见第 007 页图 4）（随后螺旋增多），或者产生非连续对称（见第 007 页图 5）（在此情况下，增量不一定是一次完整旋转的约数）。三维空间也有扩展对称。可以看出，螺旋对称与旋转和扩展的运动密切相关，通常在两者相结合的情况下呈现出来。

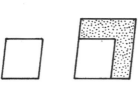
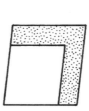
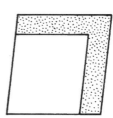

1. 扩展对称包含有规律的扩大（或缩小）　2. 以圆心为中心的扩展对称

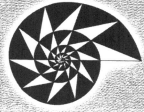

3. 360° 全方位扩展对称　　4. 与旋转相结合的扩展对称　　5. 非连续旋转的扩展对称

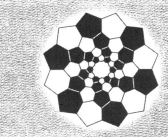

6. 有规律排列图形的相似性对称

辐射对称 / 圆心对称
RADIAL
CENTERED SYMMETRIES

在所有规则排列中，辐射对称或许是我们最为熟悉的一种，其径向平面的数量有限，属于广义上的点群对称——辐射对称有三种截然不同的形式。

第一种形式是二维辐射对称。在二维平面中，辐射对称元素围绕平面的中心点，将圆任意等分，以旋转对称的形式排列；这其中通常也结合着反射对称，形成二面角对称（见第009页图1）。许多花朵就是这种排列方式，自然少不了圆心，这种辐射对称图案几乎在各种文化的装饰艺术之中都有。

第二种形式是三维辐射对称。在三维空间中，辐射对称元素要么环绕空间的中心点，沿各自路径，从中心点开始由近及远呈扇形散开（如同爆炸一般）（见第009页图2）；要么，围绕一个极轴旋转，较为典型的图形有圆柱形或圆锥形（见第009页图3）。最后，让我们看看植物特有的对称。

第三种形式便是斐波那契数列。绝大部分花朵的瓣数目正好契合斐波那契数列，也就是说，花瓣数有3、5、8、13、21等（更多关于此种神奇的序列，详见第030页）。相比之下，雪晶的对称妇孺皆知，因为它总是呈现出六角形。

平面辐射对称不仅是深受人们喜爱的装饰图案，也是制作各种旋转运动设备中最为实用的机械构造——尤其是形状各异的轮子。

辐射对称类型多样，其径向平面的数量有限，属于广义上的点群对称。

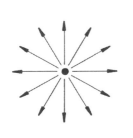

1. 二维辐射对称

2. 三维辐射对称

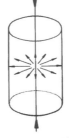

3. 围绕一个极轴的辐射对称

截面和骨骼 / 动植物内部构造中的对称
SECTIONS AND SKELETONS
INTERNAL SYMMETRIES OF PLANTS AND ANIMALS

　　绝大部分植物的构造都以不同的形式体现着辐射对称。事实上，动植物王国之间的巨大差异主要体现在它们各自构造中的对称上。植物通常是固定不动的，因此它们的构造往往呈现出辐射状；然而，动物就大不相同了，它们当中的多数会随意跑动，因此它们呈现出两侧对称，或者更准确地说是腹背对称结构（见第 023 页）。

　　树干和树枝的横截面通常会以辐射状排列，一般说来，树根和直立茎也是如此（见第 011 页图 1）。大部分形状规则的花（辐射对称）与许多花序一样，都具有辐射对称的特征（见第 011 页图 2）。同样，植物胎座总是在平面上对称排列，形成辐射对称（见下图）。蘑菇、苔藓以及灯心草的管状叶等也都呈现出这种对称。

　　固着动物是一种固着于他物而生活的动物，不能依靠自身力量移动，状如植物，呈辐射对称。绝大部分固着动物都是海洋生物，如海葵和海胆等（见第 011 页图 3）。同样，海星和星形珊瑚也都呈辐射对称状。

　　状如宝石的海洋原生动物残骸（包括放射虫类和有孔虫类）在海底大量堆积，其数量占海洋沉积物的比例高达 30%，它们的体形结构同样也呈现出辐射对称形状（见第 011 页图 4）。

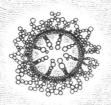 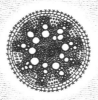 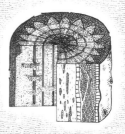

1. 树干、树枝和树根的横截面都具有辐射对称的特征。

2.

3.

4.

球状物／完美的三维对称
SPHERICAL
THE PERFECT 3-DIMENSIONAL SYMMETRY

　　就如同圆形是完美的二维平面图形一样，理想的球体是一个完美、呈辐射对称状的三维体。古希腊人早就认识到了圆形和球体的完美，并认为它们是神圣的 [古希腊哲学家色诺芬尼（Xenophanes），甚至主张将原来的万神殿改成一神殿，认为该神殿应为球形建筑]。古希腊哲学家、数学家毕达哥拉斯（Pythagoras）是告知世人地球自身就是球形的第一人；目前更多的宇宙学家也认为，整个广阔无垠的宇宙大体呈球体对称形状。有趣的是，宇宙中其他巨大的星体如恒星、行星、卫星、奥尔特云（Oort cloud），以及银河系中的球状星团都呈现出这种球体形状（见第 013 页图 1），就连小小的水滴也是如此。它们都拥有各自的对称规律，因为它们的形状是由单一的主导力量塑造而成，水滴的形成是因为表面张力的作用，而星体的形成则是重力的作用（其本身就是球体对称）。

　　表面张力的作用也是许多微生物成为球形的原因（见第 013 页图 2）。这些微生物的组织结构实质上都是流体，为了平衡周围介质的压力，必须保持一定的内部压力。事实上，大部分球形生物都很小（可以将重力带来的扭曲作用最小化），并生活在水里。绝大部分微生物几乎不会或者根本不会移动。实际上，一个球体在给定的体积中其表面积最小，这就是为什么如此多的水果（见第 013 页图 3）和蛋类（见第 013 页图 5）都是球形的原因。由于球状物使得表面面积最小化，四周展现着相同的剖面，这就为防止被掠食提供了天然的防御。因此，这些物种的进化初期并非球形，但它们受到攻击时，便会自动把身体蜷缩成球体（见第 013 页图 4）。

1.

2.

3.

4.

5.

013

三维空间对称 /空间等距映射
SYMMETRIES IN 3-D
SPATIAL ISOMETRIES

　　圆的二维平面对称与球体的三维空间对称尽显完美形态，空间的图形变换与我们之前看到的平面规则分割相一致，并且相似的等距原则也包含其中（见第 015 页图 1~ 图 6 ）。

　　如果我们以对称的方式对空间进行研究与切分，就会发现最基本的分割面产生于规则的平面镶嵌图形。因此，就像等边三角形、正方形和正六边形才能镶嵌平面一样，基于这些平面镶嵌图形而构成的棱柱则会完全镶嵌空间（见第 015 页图 7 ）。当谈及任意方向的规则空间镶嵌，其选项并不明显，但会包含立方体、截角八面体（见第 015 页图 5 ）、立方八面体体系（见第 015 页图 8 ）和菱形十二面体（见第 015 页图 9 ）。有三种球形对称系统（见第 015 页图 10 ）对正多面体图形具有显著的影响。

　　有趣的是，虽然规则图形种类繁多，大自然却始终只选其中一种类型，即五角十二面体。这些形状主要包括六边形和五边形，构成各种各样的形式，比如富勒烯分子（下图 a ）、煤烟颗粒（下图 b ）、放射虫类（下图 c ）和病毒（下图 d ）等均表现为这种构造（见下图）。六边形本身不能封闭空间，但只要添加 12 个五边形，任何数目的六边形与之都能共同封闭空间。这既是这些形状构造有趣的地方，或许也是其在自然界体现价值的关键。

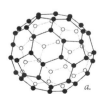
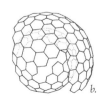

a.　　　b.　　　c.　　　d.

1. 沿一条镜像线的三维对称

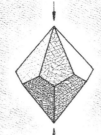

2. 环绕一个极轴的三维旋转对称

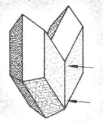

3. 镜像平面的三维反射对称

4. 三维点群对称

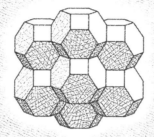

5. 三维空间群对称

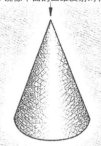

6. 三维扩张对称

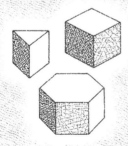

7. 空间镶嵌棱柱体

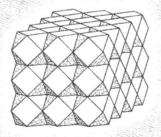

8. 立方八面体体系

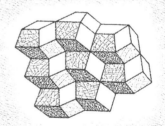

9. 菱形十二面体

10. 三种球形对称系统：四面体、八面体和二十面体

堆叠和堆积 /
水果、泡沫、水沫以及其他空间填充
STACKING AND PACKING
FRUIT, FROTH, FOAMS AND OTHER SPACE-FILLERS

在特定区域，找到一种最简单、最有效的方法把一堆橘子堆叠起来，这看似简单的任务背后其实暗藏高深的数学原理。问题是开始这项工作时非常简单。要想把许多球形物体堆积起来最为有效的方法，就是采用三角形和正方形的堆砌方式（见第017页图1~图3）；显而易见，这些结构与平面的规则分割息息相关（见附录）。如果把橘子按照一种模式堆叠，你就会发现到了第二层时，就很难再按照第一层的布局来堆叠，除非把橘子放置在第一层橘子的缝隙上。准确地说，这样的结构有助于形成最低能量模式。这里有三种截然不同的立方体结构（见第017页图4~图6），但研究表明面心立方组装是最有效的结构，这是开普勒（Kepler）首次提出的观点，虽然400年之后对此才有了盖棺定论。

然而，在许多其他情况下，120°的三向交汇才是最为经济的体系。毫无疑问，蜂巢就是典型的例子。蜜蜂可以用最少的蜂蜡建造蜂巢，存储蜂蜜（见第017页图7）。同样，有着自由边界的小泡沫团可以将自身构成这种有效的角度结构，泡沫间形成的边界也称为普拉特奥边界（见第017页图8）。

然而，一旦肥皂泡沫团变大时，情形就完全不同了，夹角神奇地变成了109° 28' 6"。不管是泡沫还是具有弹性的水沫（见第017页图9），内表面往往以这个角度相交，这恰好是从中心点到四面体角（见第017页图10）的线条形成的角度。有趣的是，像四面体这样的立体图形本身并不会完全填充空间——尽管它与八面体相结合。

1．三角形结构。

2．这种结构的连续堆层位于三角形网格的不同中心。

3．正方形结构。

4．简单的立体堆积。形式各样的球形密堆积与晶体的三维布拉威晶格结构相关（见下页）。

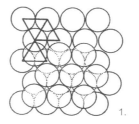
1.

2.

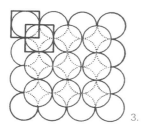
3.

4.

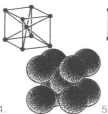
5.

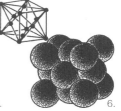
6.

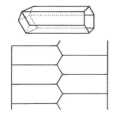
7.

8.

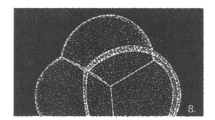
9.

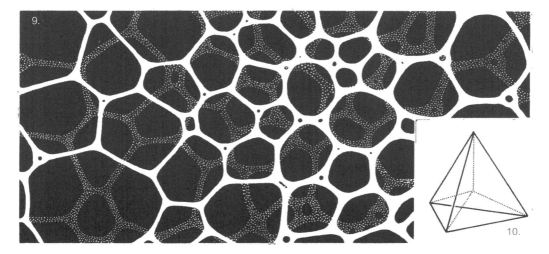
10.

晶体世界 / 完美对称大本营
THE CRYSTALLINE WORLD
THE STRONGHOLD OF SYMMETRICAL ORDER

在所有的自然物体中，结构完美的晶体给我们展示了正多面体纯数学的最近似值（其中一些的确具有这样的形状，但并不是全部）。然而，标本晶体迷人的原始之美不只是一种外化表现，其内部结构之美更令人印象深刻。事实上，晶态（结晶状态）是一个让人难以想象的秩序王国，其内部组成分子由数千万乃至数亿个相同的分子整齐有序地排列组成。

不同物质的晶体，其形式千姿百态，特征各异，但是它们的组织规律都是基于14种中的一种或其他晶体结构，按其晶胞排列（见下图）。这些布拉威点格就像二维图形，能够使得组成分子在三个不同的空间方向无限重复，就如同壁纸图案在墙面上"重复"一样。

早期对晶体的科学研究主要涉及分类及其对称性。截止到19世纪中期，科学家已经把晶体划分为32种不同的类型，到了19世纪末期，俄罗斯晶体学家费德罗夫（Federov）已经列出了230种近乎所有的晶体空间群。

然而，20世纪初期，科学家发现了晶体X射线衍射，这在科学发展史上具有划时代的意义。科学家利用晶体X射线衍射方法，对对称模式进行系统分析，将其投射在摄影底片上，首次向人们揭示了令人啧啧称奇的晶体内部世界。

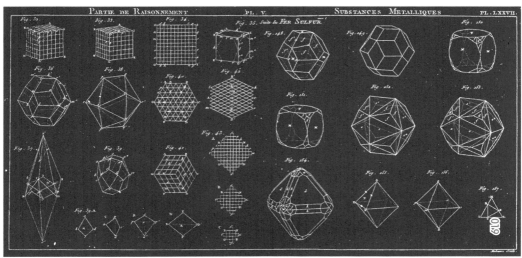

物质的基本结构 / 物质内部的对称
BASIC STUFF
SYMMETRIES AT THE HEART OF MATTER

　　到 19 世纪末，具有开创精神的法国物理学家皮埃尔·居里（Pierre Curie）声称，他认为物理学具有一个普遍原理，大意是说，对称的原因必然产生相同的对称结果。就目前而言，作为一般性原理来讲，他肯定是错误的，因为对称并不总是与他所阐释的方式相联系。但是从物质更为基本的层面来看，他对于对称连续性的直觉确实是正确的。从 X 射线晶体照像中（见第 021 页图 1）可以看出，晶态世界是一个高度有序的世界，这种有序状态完全由原子和亚原子层面所隐含的对称性来决定。

　　俄国化学家门捷列夫（Mendeleev）建立了元素周期表，他将各种元素按照合理的顺序排列，成为 19 世纪经典物理学中最为伟大的里程碑之一。但是直到 20 世纪初期，科学家才明确认识到，实际上，元素的性质反映的是其所含原子的内部结构规律。随着原子理论的进一步发展，人们愈加清楚地认识到，所有元素的化学特性均由原子结构中各自的质子数和电子数来决定，使得它们能够有序地按分子排列聚集（见第 021 页图 2）。

　　直到 20 世纪 60 年代，人们认识到，尽管"轨道"电子（见第 021 页图 3）的确属于基本粒子，但是原子核（见第 021 页图 4）中的质子和中子却是由更小的成分——强子和轻子组成的。而强子又是由夸克组合而成，夸克的组合形成了闻名遐迩的"八重道"优美的对称方式（见第 021 页图 5）。

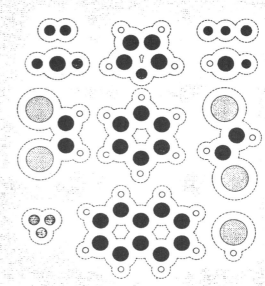

1. 上图：利用 X 射线衍射技术，科学家得以洞悉高度有序的晶体世界。

2. 右图：当原子聚集时，带正电荷的核子和带负电荷的电子结合在一起形成分子。

3. 电子围绕原子核的概率分布图

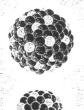 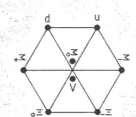 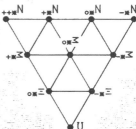

4. 左图：中子和质子就像原子核中的旋转陀螺。

5. 上图：强子八重态、十重态中的"八重道"分类对称

背腹性 / 移动生物的对称
DORSIVENTRALITY
THE SYMMETRY OF MOVING CREATURES

　　动物，顾名思义，是多细胞的吃食物的生物，而且几乎所有的动物都有某种形式的运动，这些属性自然决定着它们的一般形态。无论是地上爬的还是地下钻的，无论是水中游的还是空中飞的，动物的身体都是由左右两侧构成，大致是互为镜像的。它们还有正面和背部（通常有明显的上下两个部位）两个部分，所以具有两侧性和背腹性的双重特征。若需要以定向的方式移动，这种体型则是绝佳的结构（见第023页图例）。这种对称性不仅体现在动物身上，交通工具也无一例外采用了这种与动物类似的对称结构，诸如汽车、船只、飞机等。

　　动物的背腹性还具有其他特点，这些特点会随其运动能力而不断进化。显然，动物在快速向前运动时，前置的眼睛便于观察前进的方向，嘴巴前置便于有效进食。相比之下，鳍片和四肢最好放置在身体侧面，这种对称保持了体位的平衡。

　　基于上述种种原因，虽然背腹性对称在动物王国里由来已久，但是在植物世界中，背腹性对称也较为常见——两侧对称（不规则）的花朵、绝大多数叶子的形态（下图），以及许多叶序都是具有代表性的例子。

对映现象 / 左手性和右手性
ENANTIOMORPHY
LEFT- AND RIGHT-HANDEDNESS

除此之外，背腹性体型赋予了我们人类一双极为相似的手，只可惜它们是镜像颠倒的。当然，我们的双脚也是如此，还有动物的犄角、蝴蝶的翅膀以及许多其他动物的身体特征（见第025页图1）都是这种情况。然而，一幅图形或者一个物体很可能存在两种完全不同的形式，而不限于生物体所呈现的镜像对称。例如，任何螺旋形物体只能选择顺时针旋转，或者逆时针旋转（见第025页图2），同理，所有螺旋线只能以一种或者另一种不同的方式在三维中出现（见第025页图3）。

事实上，更替形式的可能性适用于任何具有结构扭曲功能的物体，不管是有生命的还是无生命的。人们发现软体动物的壳有左手性和右手性两种类型（有些物种会选择特定的偏手性，而其他物种的选择似乎是随机的）（见第025页图4）。葡萄藤以及其他一些攀援植物中，我们熟悉的植物扭曲习性就存在着类似的情形（大部分植物选择的是右手性，但也有极少数植物则属于左手性）。

在化学中，我们把这种现象称为手征性——石英就是具备这种特性最为常见的矿物（见第025页图5）。手征性在有机化学领域尤为重要，因为许多生物分子属于同手性的，换言之，它们具有相同的偏手性，比如氨基酸（属于蛋白质成分）和DNA（见第025页图6）就是如此。实际上，这意味着生命自身的整个化学基础就具有手征性。在地球生命起源的早期阶段，最早掌握自我复制艺术的化学分子选择了一种特定的立体化学剖面，这样一来便决定了整个偏手性的进化过程。

1.

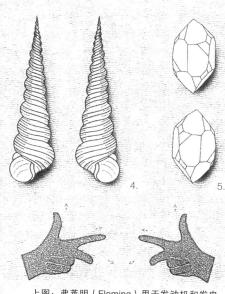

4.　　　5.

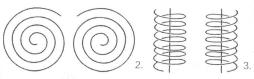

2.　　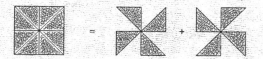　3.

平面螺旋和三维螺旋线可以是左手性或是右手性。

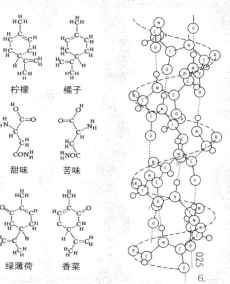

上图：弗莱明（Fleming）用于发动机和发电机的左右手定则。

下图：左手性和右手性立体异构物的不同味觉；右手性的DNA螺旋线。

正方形中一对左手性和右手性的扇叶组合。

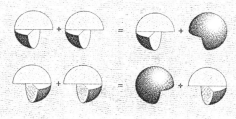

国王杯：一个球体或苹果切割成两个左偏手或两个右偏手形状。注意：一个左手性部分和一个右手性部分的形状不能重新组合成球体。

柠檬　　橘子

甜味　　苦味

绿薄荷　　香菜

025

6.

曲率和流动 / 波、旋涡、抛物线和椭圆
CURVATURE AND FLOW
WAVES AND VORTICES, PARABOLA AND ELLIPSES

　　到目前为止，我们所谈论的对称，更多侧重于旋转、反射等静态几何对称。就曲率对称而言，许多都涉及运动和消长，由此，我们把其中蕴含的原理拓展到动态之中（见第 027 页图 1~ 图 3）来讲述。

　　公元前 4 世纪，柏拉图学院的梅内克缪斯（Menaechmus）就开始了圆锥曲线研究（见第 027 页图 4），但直到文艺复兴时期，人们才逐渐认识到圆锥曲线在物理学中的重要意义。1602 年，伽利略（Galileo）证实，抛出的物体运动轨迹为抛物线。不久之后，开普勒（Kepler）发现行星运动轨迹具有椭圆形的特征。随后，人们意识到，双曲线可以表示任意一个量与另一个量的反比关系（如波义耳定律）。这种发现集中体现了人们认识自然的方式，而这种方式使得人们较为深入地理解了数学本身固有的对称原理，从而揭示了自然界隐含的统一性。

　　波形在长度和周期上同样具有对称性；一条简单的正弦曲线可以看作是在圆周上匀速运动的质点在平面上的投影（见第 027 页图 5）。实际上，所有波状运动都包括圆周运动。如果圆周运动有规律地增加或者减少，那么其运动轨迹就是一幅典型的正弦结构。

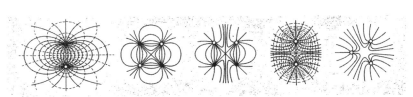

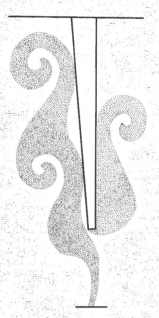

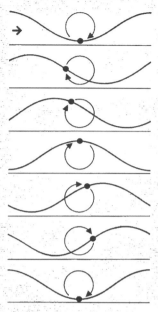

1. 管风琴中由分气流形成的旋涡。　　2. 液体中的波动基本上呈圆周形。　　3. 由障碍物引发的"卡门旋涡"式排列。

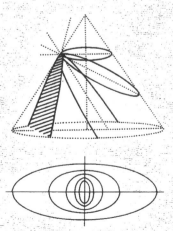

4. 圆锥曲线和椭圆系列。

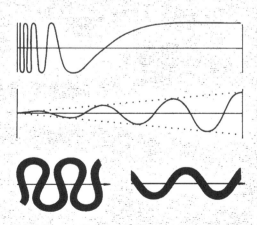

5. 上图和中图：正弦波；下图：河水的
曲流倾向于正弦曲线。

螺旋与螺旋线／大自然钟爱的结构
SPIRALS AND HELICES
NATURES FAVOURITE STRUCTURES

　　在所有的正则曲线中，螺旋和螺旋线可能是最常见的。形式各异、大小不一的各种螺旋和螺旋线随处可见——譬如蜘蛛网（见第029页图1）、银河系（见第029页图2）、粒子径迹（见第029页图3）、动物犄角（见第029页图4）、海洋贝壳（见第029页图5）、植株结构，以及DNA结构（见第029页图6）等。显然，螺旋结构是大自然最钟爱的模式之一。

　　单从几何概念来说，常见的平面螺旋可分为以下三种主要类型（下图）：阿基米德螺线（图a）、对数螺线（图b）和费马螺线（图c）。阿基米德螺线由一系列平行且等距的线条组成（如老黑胶唱片），其结构或许是最为简单的平面螺旋。对数螺线（或称为增长螺旋线）是所有螺线中最有趣的，也是最复杂的，尤其是与斐波那契数列（见第030页）相联系的"黄金"螺旋线（见第029页图8）。一般而言，对数螺线具有自相似性的特征，也就是说，不管从哪看，其比例都是一样的。在费马（或抛物线）螺线里，连续的螺旋包含相同的面积增量，这也就解释了植物的叶序、叶片的布局以及茎杆上小花（以及咖啡杯里的螺旋状）的排列现象。

　　螺旋线是有关轴线的对称，所以总有一个特别"手性"（下图d）。扩展对称同样适用于螺旋线，其宽度是逐渐增加的（下图e），当然，螺旋线也可以用任意股数来表示，就像拧在一起的绳子一样（下图f）。

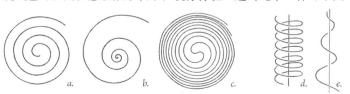

a.　　　*b.*　　　*c.*　　　*d.*　*e.*　　*f.*

1.

2.

3.

4.

5.

6.

7. 一个渐屈线螺旋

8. 黄金对数螺线

029

奇妙的斐波那契数列 / 黄金角度和黄金数字
FABULOUS FIBONACCI
GOLDEN ANGLES AND A GOLDEN NUMBER

　　大约在 12 世纪末，一位年轻的意大利海关官员对一个数列（并以他的名字命名）十分着迷，自此以后，一大批数学家为之心驰神往。这位年轻人就是比萨城的李奥纳多（Leonardo），人们给他取绰号"斐波那契"，他早已发现数列有累积级数现象，即每个数字都是前两个数字之和：1、1、2、3、5、8、13、21、34……他还意识到这个数列具有一些非常特殊的数学特性。斐波那契数列常常出现在植物生长模式之中，尤其是花瓣和种子的排列上。花瓣数量几乎无一例外地契合斐波那契数列；冷杉球果表面由 3 和 5 个（或者 5 和 8 个）交织的螺旋构成；菠萝表面有 8 排鳞皮朝一个方向缠绕，还有 13 排鳞皮朝另一个方向缠绕，诸如此类的例子，不胜枚举。植物的叶序、枝叶的排列也有这种数列结构。

　　斐波那契数列集中体现了"黄金分割数值"（$\phi = 0.618$），也就是说，随着数列项增加，数值越来越大，相邻两个数字的比率就越来越逼近"黄金分割"数值。在植物叶序中，连续叶的原基也有相关的特征，植物的茎叶就是按照"黄金"角度 137.5°（360° / ϕ^2）的模式排列的。这是因为植物的枝干、叶片以及花朵按照这种数列排列能够最有效地利用空间。事实上，斐波那契数列模式并不局限于有机物构造，从纳米粒子到黑洞，这样的数列模式在物理世界中的诸多方面也均可以看到。

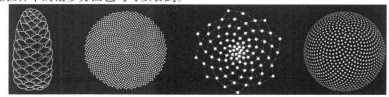

1.

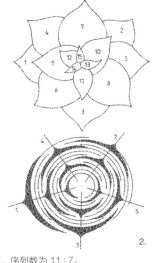

2.

1. 仙人掌的叶序序列数为 13：8。

2. 叶序序列数 8：5，即 8 个叶片中有 5 个叶子逆时针旋转，第 8 片叶子之后朝另一个方向旋转。

3. 另一个叶序序列 8：5 的例子。

4. 罕见的卢卡斯叶序，序列数为 11：7。

5. 葵花籽盘是 89：55 斐波那契数列的叶序，呈现出费马螺线。请数一数每个方向有多少个螺旋线。

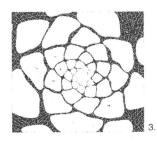

3.

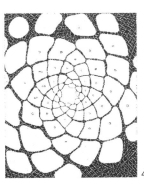

4.

5.

枝状结构 /分布模式
BRANCHING SYSTEMS
PATTERNS OF DISTRIBUTION

　　枝状系统可以被认为是一种真实存在，就像树木、河流等，或者也可以被简单地理解为独立于任何物质表征的精神概念。在后一种情况下，简单的规则可以产生相当复杂的系统（见第 033 页图）。

　　枝状结构更为有趣的是，相似的特性可以出现在完全不同的环境之中，例如，雷击中的枝状闪电形态与河流系统的结构极为相似，它们在分散和集中两种形态之间甚至可能有着某种密切的关系（见第 033 页图）。不论哪种情况，各功能枝状系统都以一种或另一种形式高效地分配着能量——它们是用最短的距离（或最小功）连接某一特定区域各部分最简单的方法。

　　枝状形态结构中所隐藏的对称，关系到分岔的比率和比例。例如，就拿一个简单的累进来说，三条细流流入一条小溪，三条小溪流入一条支流，最后，三条支流汇入一条大河。事实上，这种累进是一种常见的模式，不仅河流和植物的结构是这种模式，而且动物的血管系统也是如此。尽管在自然界中决定枝状结构的规则往往更为复杂，但相对简单的演算法则能够产生高度复杂的形态。

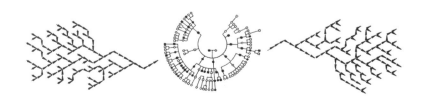

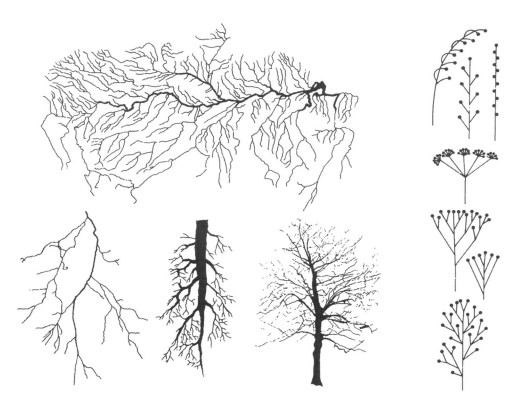

不论是河流系统、放电还是生物系统，所有枝状模式的一般性特征都是辐射（或汇聚）；而且，任何特定大小的枝状结构在数量上总是被下一级较小的结构所超越。

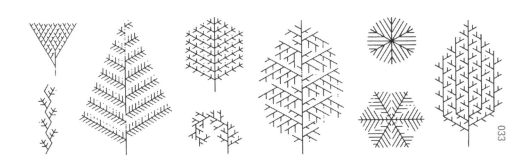

迷人的分形 / 无处不在的自洽性
FASCINATING FRACTALS
SELF-CONSISTENCY TO THE NTH DEGREE

　　物质世界有着诸多自然现象，但其中大部分似乎都与"对称"没有多大关联。变幻莫测的云朵、崎岖绵延的山脉、奔腾咆哮的河流以及斑驳多姿的地衣等，特别是当它们各自交汇在一起时，明显给人一种混乱不堪、毫无规则的印象。然而，这些事物中却蕴含着一致性特性，发现这种一致性就已大大扩展了自相似性概念的内涵，也极大地扩展了对称本身的意义。

　　许多自然形态虽然看似非常复杂且毫无规则，但它们却具有明显的统计自相似性。这意味着它们在不同的尺度范围看起来是一样的，而且它们的分形维度是可以精确测量的。此外，这个概念还可以逆向使用：高度复杂的现象可能隐含着某种秩序，换句话说，相对简单的公式可以产生出高度复杂的图形。著名的曼德布洛特集合（Mandelbrot set，见第035页背景图）或许就是这一效应最著名和最复杂的例子。

　　事实上，许多有机结构会呈现出自相似的分形特征，例如，动物体内的循环系统就是如此。血液通过血管的枝状系统流到身体的各个部位，而血管分支由大变小不断重复，使得血液在体内可以最有效地循环。

　　在数学中，许多种分形图是不受大小限制的，理论上讲，它们可以无穷大。但在现实世界中，这种情况却很少发生，尤其是在生物世界里，规则是具有适用性的。比如，血管分支不会无限变小，分形花椰菜的轮生体当然也不会无限延伸下去。大自然中的分形几何无处不在，且各得其所。

谢尔平斯基镂垫（三角形）　　　科赫雪花图形　　　谢尔平斯基地毯／立方体图　　　谢尔平斯基六角形

　　分形与计算机科学和混沌理论的长足发展密不可分，但是它们的分形几何结构都有各自的历史。上述四组形态结构可追溯到 20 世纪初期，起初，人们只是对数学的好奇而已，因为从中可以演示有限空间和无限边界的交融。

彭罗斯拼图和准晶体 /
令人称奇的五重对称性
PENROSE TILINGS &
QUASICRYSTALS
SURPRISING FIVE-FOLD SYMMETRIES

　　20世纪80年代中期，有学者发现了一种介于晶体和非晶体状态之间的全新材料，这一消息的发布令整个晶体学界震惊不已。尤其令人惊奇的是，这种新型物质的状态似乎是基于五重对称性，而这明显违背了晶体学的基本法则。直到此时，传统的晶体学理论仍认为，只有二、三、四、六重旋转对称才能产生晶格结构。这种新发现的材料——"谢赫特曼晶体"（见第037页图3，以其发现者的名字命名），很快就被划归为准晶体，此后逐渐出现了更多的其他准晶体（这些准晶体属于固体结构的范畴，介于晶体和玻璃之间）。

　　自然而然，科学家便很快发现了这些特殊材料的新用途。科学家在准晶体结构的高倍显微图像和X射线衍射图形中发现了与众不同的十二面体对称和黄金比率。有趣的是，早在20世纪70年代初期，牛津大学数学家罗杰·彭罗斯（Roger Penrose）就已经预测到了准晶体中松散的对称结构。彭罗斯发明了非周期性贴砖，这种贴砖大致接近正五边形对称（见第037页图4~图6）。尽管这些图案具有五重对称性，但也跟准晶体一样，具有长程序元素，并可以用无数种方法填充这个平面图！

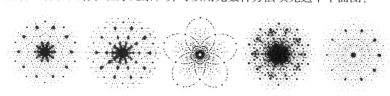

自组织对称 / 非线性系统中的规律性
SELF-ORGANISING SYMMETRIES
REGULARITIES IN NON-LINEAR SYSTEMS

与晶体高度有序的对称相比，许多自然模式更能体现出微妙的规律性。其中一些是由相当简单的规则而产生，而另一些则是由复杂的因素造成的；许多源自某种形式或者自组织的其他形式。这些"Li"图（第041页）展示出了某种普遍性，这些对称图案往往是有主题的、灵动的，而不是呆板的、静态的。例如，海岸上简单的波纹图案就是由多种因素造成的，包括潮汐、洋流和风——更不用说极为常见的重力作用和来自太阳热量的影响了。所有这些都属于自组织、自我限制的秩序，准确地说，它的魅力就在于其变量是重复的、无限的。

河流也是自组织的。无论是涓涓细流还是壮阔湍流，它们往往都沿着相似的蜿蜒路径前行。这些极为契合数学参数的循环和弯曲当中，总有一个量保持不变。类似的约束也制约着河流流域的等级模式。河流塑造着它们流经的地形，地形反过来也会影响着河流，可许多微妙的因素也会限制和影响它们的形态。

在泥裂和陶瓷裂纹釉上的这种裂纹图案中，也能找到"尺度不变的"对称。形成这种对称的原因通常是收缩导致的压力。不同材质、不同条件下形成的裂纹形式有着不同的变化，但是所有变化从整体而言都具有一致性的特点，而且其中许多具有比例特性。压力的释放造就了这些特性，也限制着它们，因此，它们是渐进性的、自组织性的——当然，它们在本质上往往是以分形线的形式出现。

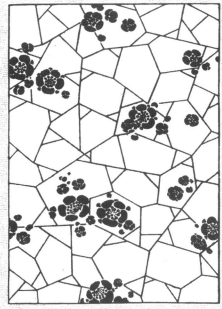

第 038 页图：在生物体中，这种偏离两侧对称的深层原因，一般情况下源自进化的适应性。在生物体进化过程中，若镜像对称是适当的或是有必要的，则会继续保留下去，否则就会发生调整或被摒弃掉。许多物种在不同程度上选择了不对称形式，然而我们确信，交嘴鸟、寄居蟹和秋海棠叶子都有各自充分的理由采用了相应的不对称结构。

本页图：我们还应从另一个角度谈谈非对称现象，即不对称在艺术和设计领域的应用。刻意将不对称应用到设计当中有不同的动机，其中包括宗教原因或迷信的原因，或者仅仅是产生某种动态张力的冲动（最后一点在日本艺术中尤其明显）。具有讽刺意味的是，无论人们出于何种缘由去刻意使用不对称，他们必定默认了对称概念本身的存在。在某种程度上讲，这意味着艺术中的不对称通常是对完美对称基本原则的被动反应。

不对称性 / 非恒定性的悖论
ASYMMETRY
THE PÁRADOX OF INCONSTANCY

　　对称在哪儿结束？不对称又从何处开始呢？我们还是仔细看看目录前面那张具有罗马特色的马赛克图案吧。此图案是对称的还是不对称的呢？整体来看明显属于对称，但仔细观察发现，每个圆形装饰图案的设计并不一样，而且每个图案的边界大都不一样。因此，按这种方式组成的图案其最大的特点便是，对称多少会受到干扰——这印证了本书简介里提到的悖论，也就是说，从本质上讲，对称与不对称两者的概念是无法割裂开来的。

　　在最近的科学研究中，最为重要的一个发现是，对称概念的"破碎"有着很深的宇宙学含义，但很明显，世界上的许多事物都是如此。事实上，我们目及之处尽是类型不同、程度不一的事物，它们大都与对称大相径庭。例如，人体形态一般是两侧性（或背腹性）结构，一些内脏器官属于两侧结构，如肺和肾具有对称性，可其他器官如消化道、心脏和肝脏却并非如此。所以，总体而言对称甚至只是近似性而已。我们大多数人基本上都有优势手和主视眼的习惯，而且脸颊的左右两侧有着细微的差别。

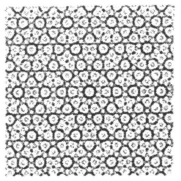

1. 显示五重对称的流型图。

2. 独特的伊斯兰教五重对称马赛克装饰图。

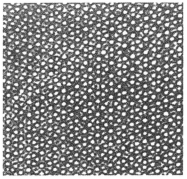

3. 谢赫特曼晶体显微照片，具有五重对称结构。

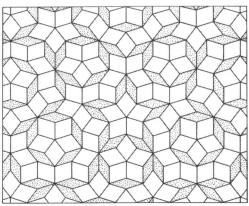

4. 彭罗斯贴砖图 a：使用两种完美契合的菱形图。

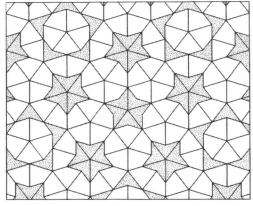

5. 彭罗斯贴砖图 b：使用完美的飞镖与箭头图案。

6. 仅使用五边形是无法填充该平面图，但彭罗斯贴砖的排列方式多种多样。

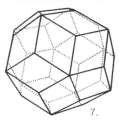

7.

7. 菱形三十面体：彭罗斯贴砖三维模拟图及准晶体构成部分。

8. 铝合金／锰合金快速冷却后形成的谢赫特曼晶体"雪花"图案。

8.

037

混沌中的对称 / 高度复杂系统中的规律性
SYMMETRIES IN CHAOS
REGULARITIES IN HIGHLY COMPLEX SYSTEMS

　　不变性等同于对称性，所以从表面判断，湍流完全是紊乱无序的系统，似乎不太可能有任何对称情况的出现。湍流系统中的物理学现象长期以来是科学界最为棘手的问题之一，至今人们尚未完全明了，但在这一过程中，对"奇异吸引体"作用的认识研究为这样复杂的系统带来了新的见解和数学手段。

　　奇异吸引体中的神秘几何结构曾是"混沌理论"中的新非线性数学的组成部分（首次出现分形学的数学革命）。它包含把动态系统视为占据几何空间的概念，其坐标来自于系统变量。在线性系统中，这种相空间内的几何结构很简单，是一个点或者是一条规则的曲线；在非线性系统中，它涉及更为复杂的形状，即"奇异的"吸引子。其中最有名的是洛伦茨吸引子（Lorenz attractor，见第 043 页图 1~ 图 2），该吸引子构建了天气预报混沌模式的基础（包括冰河时代）。另一个经典案例是"水滴实验"（见第 043 页图 3），实验发现，在明显的随机状态下，水滴滴下的时间点可以形成美丽而有规律的图案。

　　正如我们所看到的那样，分形几何是混沌理论中许多方面本身固有的特征——可以预见的是，分形与吸引子紧密相关。事实上，所有的奇异吸引子都是分形的，作为一种吸引子，正如费根鲍姆影像图（Feigenbaum mapping）所表现的那样，它是一种主吸引子。费根鲍姆常数（Feigenbaum number）位于影像图中心位置，它可以预测整个非线性现象的值（包括湍流，见第 043 页图 4），该值十分复杂且周期倍增。费根鲍姆值是递归的，并在重复周期倍增时就会呈现。简而言之，它就是一个像圆周率或黄金比率这样的通用常数，且具有相似的对称效力。

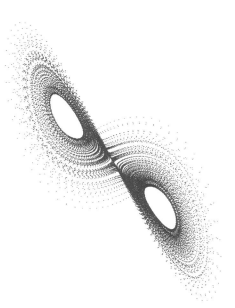

1. 洛伦兹吸引子显示出两种对称状态，两者偶尔会翻转。

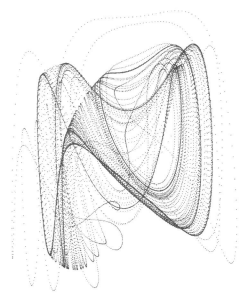

2. 一个较弱的洛伦兹吸引子会产生一个更复杂的概率区域。

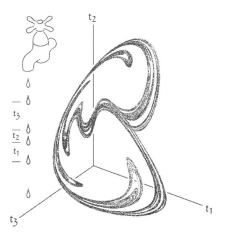

3. 水龙头连续滴下的水滴次数之间标记为 X、Y、Z，即三维相空间中的奇异吸引子。

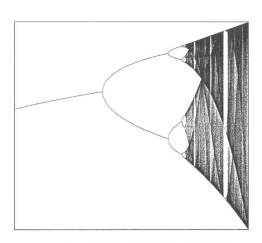

4. 一个动态系统分岔图，演示了分形费根鲍姆常数的存在。

物理学中的对称 / 不变性和自然法则
SYMMETRY IN PHYSICS
INVARIANCE AND THE LAWS OF NATURE

由于一个封闭系统内的能量是不变的，所以人们现在把能量守恒定律看作是一个对称定律。事实上，物理学的发展史（至少在现代）有一种真正的意义，那就是它连续不断揭示诸多普遍守恒原理。例如，伽利略（Galileo）和牛顿（Newton）关于引力的伟大发现，本质上都是对物理定律认识的结果，这些物理定律对物质世界有着深刻的影响，但在某种意义上它们却独立于物质世界。牛顿定律设定一个对称力作用于所有物体之上，发现了引力具有恒定的特性，也就是说，引力在整个宇宙之中都是一样的。爱因斯坦（Einstein）正是通过把这些定律扩展到一个移动的甚至是不断加速的观察体身上，从而进一步拓展了对称的内容。这就是构成广义相对论的基础。

如今，引力被公认为是蕴藏于所有自然现象中的四大基本自然力之一。诺特定理是 20 世纪最伟大的智力成果之一，在此定理里，数学家埃米·诺特（Emmy Noether）在这些动力与对称的抽象概念之间建立了联系。由于物理定律同样适用于普通空间的每个部分，因此它们被认为具有平移对称性，在最基础的层面上，平移对称是（或者相当于）动量守恒定律的结果。物理定律也不会随着时间的变化而改变，这就意味着它们在时间平移上具有对称性，由此产生一个守恒律：即能量守恒定律。如今物理学中，对称与自然规律之间有着绝对的联系，所以物理学家们在探寻新的守恒定律时会有意识地寻求恒定性。如此看来，现实世界隐藏着大量对称现象。

左图：埃米·诺特以及她于 1915 年提出的诺特定理："对于物理定律的每一连续对称，必然存在一个守恒律。对于每一个守恒律而言，必然存在一个连续对称。"

下图：根据诺特定理，人们很容易理解光在不同介质中的折射和弯曲现象，因为光子在发光源与目的地之间总是选择最快的运动路径。

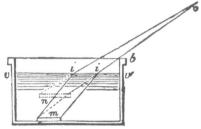

艺术中的对称 / 约束和创新潜能
SYMMETRY IN ART
CONSTRAINT AND CREATIVE POTENTIALITY

艺术冲动似乎是一种基本的人体反应，但是它在社会中的目的、方式和作用与它所处的文化环境一样，丰富多元。艺术既可有魔法或宗教目的，也可有具象性或装饰性目的——但无论其目的或功能如何，艺术总会表现出某种风格，将自身与特定的时间和地点联系起来。艺术中存在的任何形式的对称都与某种风格的特色密切相关，因为对称不管存在于艺术还是别的环境之中，它都是一种组织原则。人类似乎就是一种具有对称意识的生物；我们人类天生就是图案的探究者，所以一般而言在艺术中，对称原则一直都是我们需要考量的。在美术和建筑学中，比率、比例和象征主义的作用会在本书后面做出验证，但广义而言，只有装饰艺术才会把对称排列表现得淋漓尽致。

部落族人的艺术几乎无处不在，他们使用的是反射对称和旋转对称的基本功能。尤其是两侧对称排列，它是布局组织的一种有效方法，不管是原始社会，还是文明社会，这一方法都被广为使用。二面体群对称也是一种普遍存在的对称，哥特式教堂精美的玫瑰窗使二面体对称的表现达到了极致（见第047页图10）。然而，对称在艺术中的作用却存在很大的文化差异性。在某些文化中，对称在艺术中的意义微乎其微；而在另一些文化中，人们却想竭力发挥对称的作用。有趣的是，人们对对称的迷恋（或摒弃）显露于各色社会之中，从部落到更先进的社会——事实上乃至当今社会，都有这种现象存在。自然地，那些青睐对称的艺术传统在此方面往往会产生更为丰富的语言词汇，并且在对称装饰艺术方面潜能更大。

1. 普韦布洛陶器

2. 凯尔特滤盆

3. 印加碟子

4. 伊斯兰图案

5. 塞尔柱镶嵌细工

6. 古罗马式器具

7. 波斯陶器

8. 箱图：永无尽头的太平洋海岸

9. 阿伊努服饰详图

10. 哥特式教堂的玫瑰窗示例

钟情的图案 / 设计图案重复的永恒吸引力
A PASSION FOR PATTERN
THE PERENNIAL APPEAL OF REPEATING DESIGNS

　　任意图案本身的重复排列几乎都可以产生新的图案（如针织、编织、砌砖、瓦作等），但是图案结构通常会独立成为一种文化风格传统特色不可或缺的一部分。事实上，虽然大部分文化都把图案的使用作为其装饰艺术的一部分，但是在全球的不同时期和不同地方，有些文化似乎只把图案当作其艺术表现方式。众所周知，伊斯兰图案复杂多样、变化万千，凯尔特世界、中美洲、拜占庭、日本和印度尼西亚，同样也有着很强的图案文化传统。即使来自不同文化背景的我们并不那么迷恋图案，可我们完全能够欣赏装饰图案的重复艺术，因为它具有一定的普遍性。

　　图案的规则铺陈总是涉及待装饰空间的测量问题。因此，艺术家会有意或无意去考虑重复规则，以掌控平面分割的对称群（见第058页附录）。实际上，这些因素并不会对设计构成太大的限制，而是为多样性创造了更好的机会。

　　有趣的是，在古埃及和伊斯兰教中，至少有两种艺术传统相当接近，它们都会使用所有17种平面图案。用这种方法对对称群进行了无意识但系统化的探索，这似乎使得图案创造的艺术活动与科学活动之间的界限愈加模糊，所以，图案的整体设计也就被定性成了图案检测。

完美对称 /绝妙的比例
SYMMETRIA
SUBLIME PROPORTIONS

文艺复兴时期，人们对经典的对称概念重新燃起了兴致。古罗马人维特鲁威（Vitruvius）提出对称就是各部分的一种融洽排列，这种思想其实源自于古希腊哲学家，他们认为宇宙间的万物遵循一种基本秩序并处于和谐的状态。这种思想通常与古希腊哲学家毕达哥拉斯（Pythagoras）及其追随者的哲学影响力有关，对他们而言，研究几何学（尤其是比率和比例几何学）是进一步地理解宇宙的关键。

一个系统中各部分与整体之间和谐一致的观点是很有说服力的——大量证据表明，在欧洲文明和其他传统文明中，古代建筑都采用了一些特殊的比例。他们继承了古典传统的文化，某种程度上仍沿用了这种方法——例如，伊斯兰世界的建筑和哥特式大教堂，以及文艺复兴时期的建筑都是如此。

维特鲁威在其影响深远的《建筑十书》（De Architectura）著作中，对这些原则做出了明确的陈述——"对称是比例的结果；比例是各个组成部分与整体之间的通约。"在这些思想的影响下，文艺复兴时期的建筑师阿尔贝蒂（Alberti）把毕达哥拉斯的比率体系引入到建筑学之中，将这些概念与人体的各个维度相联系——阿尔布雷特·丢勒（Albrecht Dürer）和达·芬奇（Leonardo Da Vinci）等艺术家满腔热情地接受了这一想法。

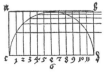  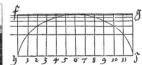

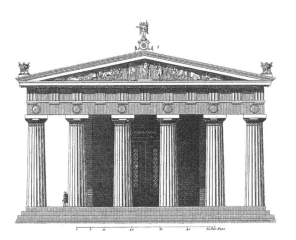

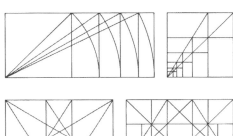

1. 按照不同的比例画出一系列相应的模块化矩形，包括$\sqrt{2}$、$\sqrt{3}$和ϕ^2。

2. 许多古文明在其建筑中使用了比例和谐的体系。

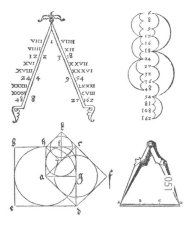

形式体系 / 象征稳定性的对称
FORMALISM
SYMMETRY SYMBOLIZING STABILITY

  在寻求形式化概念的地方和场合经常会用到对称概念，而这种概念本身必然与现状有着密切关系，大一点来讲，是与社会秩序和宪政规则息息相关。这就是宫殿建筑、政府大楼和宗教场所融合大量对称的根本原因。出于类似的原因，仪式的展示、规则式庭院以及正式的舞蹈也都是以正规的安排为基础。对称在此用来象征忍耐力和稳定性的品质——当然，任何既有规则都愿意认同这些品质（其追随者也愿意仿效这些品质）。此外，在任何领域，形式体系背后的意图都与某种或其他感知的规则概念相一致。

  在任何类似的形式体系中，个人特征往往被淹没在更大的模式之中。在所谓古老成熟的文明中（如古埃及文明、美索不达米亚文明和中美洲文明），人们所有的行为都要受到高度规约，这是形式化社会最为极端的例子。他们留下的大量遗迹，正是其严格世界观最具说服力的证据。埃及金字塔、古亚述以及巴比伦的金字形神塔，诸如此类建筑中包含着的令人叹服的对称不仅是天地之间的连接，更是产生对称的等级体系森严的社会典范。最重要的是，他们的那些令人钦佩，蕴含对称的古遗迹象征着久经不衰的稳定。

  社会发展的节奏越来越快，在其影响下，这些古老的文明衰落了，但是这些古文明把对称隐喻为官方规则和礼节的做法却永远地传承了下来。仪式与礼节在政治生活中依然占据着重要地位，对称仍然是整个合法性象征意义的重要组成部分。

PORTRAIT. DES. CHASTEAVX.ROYA... ...VX. DE. SAINCT. GERMAIN. EN. LAYE.

经验性对称 /认知和戒律
EXPERIENTIAL SYMMETRIES
PERCEPTS AND PRECEPTS

对称显然是一个包罗万象的原则。我们已经看到，对称以无数的方式存在于自然结构当中，而且对称概念已经成为人们深入了解物质世界的重要手段。显而易见，对称同样有一个审美维度，并对最难以捉摸的概念——"美"的理解起着重要作用。尽管对称这种有序原则是难以触摸的东西，但作为社会存在，它构成了我们日常生活中的一部分——更不要说它在日常生活中也起着重要的作用。首先，对称是基本社会互惠规范的重要组成部分。我们希望在社会交往中公平交易，这种公平的基本观念对于人类来说是自然而然的事儿，就像对我们的近亲——高级灵长类动物一样自然。大一点儿说，任何公正体系都必然要反映出这些比例概念；天平标尺是最能代表对称的，它便是公正最好的象征。

比例概念和互惠概念在每个宗教信仰体系中同样发挥着重要作用。大多数宗教认为，我们在现实生活中的行为，确切地说将决定我们来世的命运。天堂通常会有在地狱形式中倒转的等同物。尽管如此，但也并不是所有宗教禁令都是如此令人难以接受……

也许在所有宗教中，最优雅的戒律便是"黄金法则"的形式了，它是许多伟大精神领袖所倡导的，包括孔子、耶稣基督和希勒尔（在《摩诃婆罗多》和《利未记》中也有此法则，并且许多斯多葛哲学家竭力推荐该法则）等。"黄金法则"所倡导的是，我们希望别人如何对待自己，就应该怎样对待别人。这是一种至高无上的伦理立场，也同样体现出了完美的对称观。

Above: A kaleidoscope
上图：万花筒把一个随
机的群体变成一次美丽
turns a random group
into a beautiful object.
的物体。
Below: Matter and
antimatter annihilation
下图：物质和反物质
and a position.
在一起湮没。

上图：量子的碰撞
活动承担着对称的
整体分布作用。

下图：咖啡杯中的
对称。

055

THE
BEAUTY
● F
SCIENCE
科学之美

附 录
APPENDICES

对称群
GROUPS

线群：
　　围绕一条直线的二维对称。重复、旋转和反射的结合可以产生 7 种线群，理论上讲，这些线群可以无限延伸（右图）。

网群：
　　构建平面图案变化网格的五种基本网络（下图）。

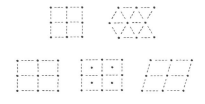

点群：
　　围绕一个中心的二维对称，以及围绕一个中心的旋转对称（左图）；围绕一条直线的反射对称（中图）；旋转对称与反射对称的结合（右图）。

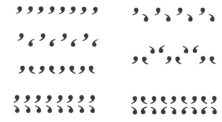

平面群：
　　从给定图形中创建平面图案时，我们会遇到一套类似的规则（这套规则同样可以产生一系列有创意的可能性）。利用基本网络，通过旋转和反射对称的每一次组合运动，一个图形便可以精确地生成 17 种结构图（下图）。

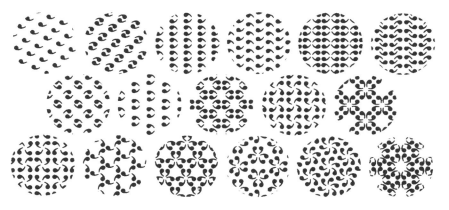

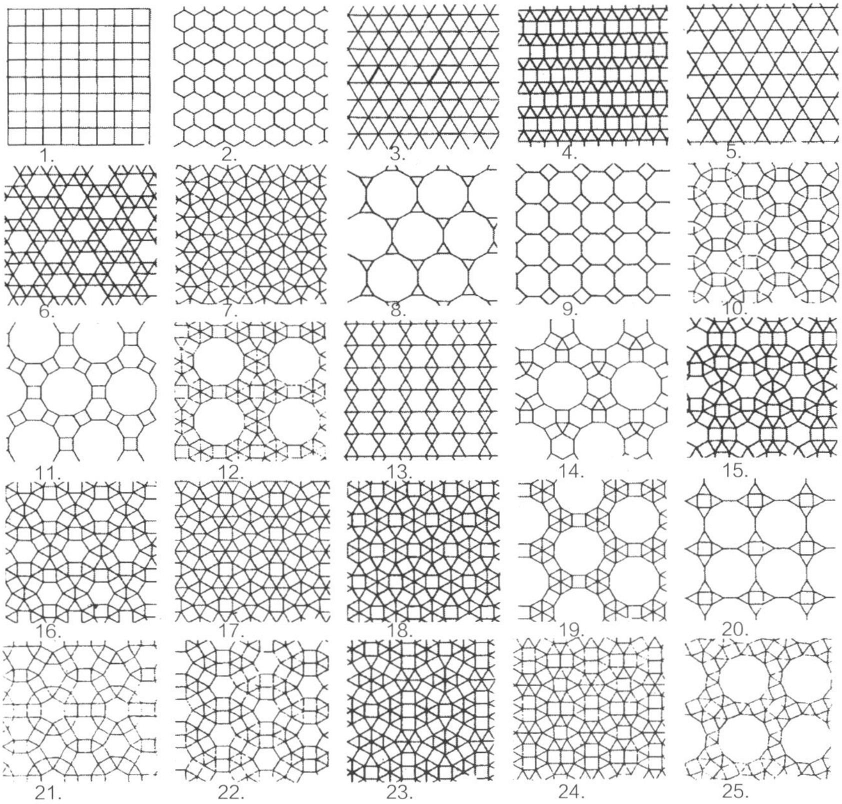

Figures 1. through 25. (grid tessellation patterns, labeled 1.–25.)

平面分割：

　　类似的约束因素可以决定平面图的规则分割和填充。利用正多边形，仅通过三种方法就可以完成分割与填充。具有 3、4、6 条边的正多边形（正方形、等边三角形、六边形）可以单独来填充平面，但是 5 条边的图形（五边形）就不可以。这简直达到了阐明平面图分割层级的巅峰。除了 3 个规则分割（图 1~图 3）之外，还有 8 个半正则网格（图 4~图 11），以及 14 个半调网格（图 12~图 25），它们组合在一起共同构成正多边形的变化。

词汇表
GLOSSARY

算法（Algorithm）：一种包括一系列程序步骤用于计算的数学规则。

阵列（Array）：数学里的正则矩阵。

吸引子（Attractor）：是指动态系统中的一个集合，其中一个系统趋于变化。

基本网（Basic Nets）：指在平面分割中创建提供重复模式的单胞框架。

两侧的（Bilateral）：通常指有两个相同但相反的面；从技术上讲，两侧是二维平面中一条镜像射线两侧的反射对称；或者是三维空间中的镜像平面对称。

分岔（Bifurcation）：指分成两个分支的过程。

混沌理论（Chaos theory）：属于数学理论范畴，用于探讨精确的、确定性的原因造成的明显随机性，以及研究复杂的非线性动态系统中的隐性一致性。

手性的（Chiral）：指物体形状不能与其镜像重叠的属性。

全等（Congruence）：几何对称中，全等意指不同元素在对称上的每个细节都相互对应，而且这些元素中任意部分上的任何两点之间的间距是规则的。

守恒定律（Conservation Law）：指某种物理量总值在任何反应中恒定不变的定律。

连续的（Continuous）：一个用于对称群的术语，具有无限量对称操作的特性，即圆形的对称操作。

圆锥曲线（Conic sections）：即二次曲线（因为它们只与一条直线的两点相交）。

曲线（Curves）：曲线可以看作是一个质点沿连续路径或轨迹运动而形成的线，当运动轨迹的方向保持不变时，曲线就是对称的。

二面体（Dihedral）：指围绕镜像射线的有限、居中排列。

扩展对称（Dilation）：通过从某个中心辐射线放大（或缩小）的手段来实现的对称变换。

离散（Discrete）：指用于包含离散步骤的对称群术语，没有无限小的操作，比如等边三角形。

背腹（Dorsiventral）：指单一镜像平面在三维空间中的反射。

费根鲍姆映像图（Feigenbaum mapping）：指不会由于"重整化"而变化的自相似映像图，即具有恒定标度系数。

费根鲍姆常数（Feigenbaum number）：一个数学常数，其值约为 4.6692016，用 d 表示；费根鲍姆映像中连续周期倍增之间的比率。

分形（Fractal）：一个递归和缩放的几何图形，即每一部分都是整体缩小后的形状。

磬折形（Gnomon）：一种几何图形。把一个几何图形添加到另一个图形中，或从另一个几何图形减去一个图形后而产生的图形，并且这个图形与原图形具有相似性。

黄金分割 / 黄金比例（Golden Section, Golden Ratio）：应用在一条线上的分割，即把一条线段分割为两部分，较短部分与较长部分长度之比等于较长部分与整体长度之比。

群论（Group Theory）：对称的数学语言（见第 061 页）。

不变性（Invariance）：即恒定性，在数学中，它指在某一特定程序下表达式和总量保持不变的特性；在物理学中，它指形状和时间上的相等性规律，事实上，它等同于对称。

等距（Isometry）：指一个图形映射到一个全等图形上时所经历的运动或转换。等距需通过直接或反向来完成。

同构的（Isomorphic）：具有相同的抽象结构，有时可使用不同的术语来描述。

运动（Movement）：指一个对称位置到另一个对称位置过程中全等物体的变化；该变化过程可能是直接的或是相反的。

周期性（Periodicity）：对称元素中的整齐间距。

相变（Phase transition）：系统从一种状态到另一种状态的临界转变，通常与对称的变化有关，如融化、沸腾和磁性。

黄金比例（Phi）：指"黄金"数字：$\frac{\sqrt{5}+1}{2}$ =0.6180339887，用 ϕ 表示；它可以通过加 1 得其平方值，通过减 1 得其倒数。

点对称（Point symmetries）：围绕一个点或是一条线的对称。

反射（Reflexion）：指二维平面里关于一条镜像射线间接或相反的等距运动；或者是三维空间里围绕镜像平面的运动。

旋转(Rotation)：围绕一个点的等距运动；对称元素可以旋转到 2、3、4 或更多的位置上。

螺旋和螺旋线（Spirals and helices）：是由于规律性而呈现的对称，它们各自围绕一个点或轴线旋转。

奇异吸引子（Strange attractors）：或称为混沌吸引子，或具有非整数维度的吸引子；参见"吸引子"词条。

对称群（Symmetry groups）：指所有等距变换的群，在此条件下，不管各组成部分如何操作，群保持不变。

曲折曲线（Tortuous curves）：三维空间中的正则曲线；通过三个连续点的方向变化来测量。

变换（Transformation）：指对称中的一种运动规则。

平移（Translation）：指无需旋转就可使物体滑动的变换。

波动方程（Wave equation）：是一种描述谐波通过介质的微分方程。等式的形式取决于介质的性质以及波的传输过程。

群论注解
A NOTE ON GROUP THEORY

　　对称群最为人所称道是它们在自然界无所不在。确实，从基本层面来看，可以说自然界是由对称来定义的。群论是对对称的基本数学描述，而且根据对称所涉及的操作方法，诸如旋转、反射、重复或这些操作的各种组合，群论可以把各种类型的对称进行分类。在这种整体方案中，规则分割介于离散对称和连续对称之间。请记住对称是由物体恢复到原始位置所需要的"运动"来定义的，离散对称依赖一系列离散步骤来实现，也就是说，其规律性与等边三角形一样。本书中多次讲述的点群和晶格组就属于这种类型。相比之下，连续对称会随着角度和间距的无穷小变动而保持恒定；二维平面里的圆形和三维空间里的球体就属于这种类型。代数学的一个特别优雅的分支对连续对称群做过描述，这个分支就是闻名遐迩的"李氏群论"。19世纪后期，法国数学家埃利·卡坦（Elie Cartan, 1869-1951）利用李氏群论对这种对称里的每一个可能的变量进行分类。然而直到20世纪60年代早期，李氏群论详尽彻底的研究工作仍被视为数学中晦涩难懂的一个分支，但是加利福尼亚理工学院（Caltech）的默里·格尔曼（Murray Gell-Mann）认识到，这是解决亚原子粒子过量问题的绝佳手段，因为亚原子粒子在当时刚刚被发现。很快，事情变得清楚明了，李氏对称SU(3)完美地适应了量子物理学中新兴的场论，在此意义上，人们能够先于某些粒子的真实发现而预测其存在以及其性质。通过利用标准对称群U(1) X SU(2) X S(3)，自然界的四大基本力（引力、电磁力、弱核力、强核力）同样适用于这一描述。这意味着当前的宇宙学观点，即围绕所谓的基本粒子和反粒子的标准模型，完全是依据对称群来构想的。当代宇宙学家面临的挑战是如何在一个宏大的对称体系中，把四大基本力与这个新的周期表"统一"起来。